TRACÉS DE CHEMIN DE FER

DE

LYON A BORDEAUX.

DISCUSSION

SUR

LES TRACÉS DE CHEMIN DE FER

DE

LYON A BORDEAUX

Au point de vue de l'intérêt auvergnat,

PAR GABRIEL DUBREUIL.

CLERMONT-FERRAND,
LIBRAIRIE DE PARIS-BEAULIEU.
1861.

AVANT-PROPOS.

Il est toujours difficile, ou tout au moins délicat, d'aborder une question qui touche de la manière la plus directe à des intérêts personnels, ou à des intérêts qu'on représente; je me trouve dans ces deux cas, et en pareille circonstance il faut avoir la conscience qu'on a quatre fois raison pour oser prendre une plume.

Aussi ne me suis-je pas dissimulé qu'étant chargé de la direction du bassin houiller de Champagnac, dans le Cantal, il en résulterait que cette seconde note sur la grande communication de Lyon à Bordeaux, que je livre au public, se heurterait tout d'abord contre une prévention fâcheuse, parce qu'elle paraîtrait entachée du caractère d'un intérêt particulier. Cette situation fait que la vérité la plus évidente laisse quelquefois encore du doute, même dans les esprits qui ne demandent qu'à être éclairés, pendant que ceux qui ne veulent pas l'être, soit de parti pris, soit par des intérêts opposés, y trouvent une source inépuisable d'opposition, et presque toujours sans se donner seulement la peine de discuter, et encore moins de justifier leur opinion.

C'est parce que j'ai bien compris le danger de critique auquel je m'exposais, en écrivant quelques nouvelles pages sur la communication directe par une voie ferrée de Lyon à Bordeaux, résolvant la direction la plus courte et la plus normale, parce qu'elle serait appelée à conserver des droits acquis, à mettre en valeur des richesses importantes enfouies jusqu'à ce jour dans le centre de la France, et enfin à desservir la plus grande masse d'intérêts que tout tracé puisse favoriser entre Lyon et Bordeaux, que je me suis attaché par-dessus tout à baser mes raisonnements sur des chiffres, à étayer mes arguments sur des faits, qu'il sera facile à chacun de contrôler; à reproduire les vœux émis par les Conseils généraux du Puy-de-Dôme et de la Corrèze, ainsi que ceux émis par le conseil municipal de Mauriac, chef-lieu d'arrondissement du Cantal. Il m'a semblé que c'était, entre tous les moyens, le meilleur pour porter la discussion sur le terrain le plus sérieux, et laisser le moins de place possible aux hypothèses.

Je le répète, je comprends qu'en raison de ma position particulière, ma tâche est difficile; mais je la remplirai avec franchise, et c'est le seul mérite que je revendique pour les quelques pages qui vont suivre.

Mauriac, décembre 1860.

LIGNE DIRECTE

DE LYON A BORDEAUX.

Les voies de grande communication dans le centre de la France laissent encore une grosse question à résoudre pratiquement, celle de la direction de Lyon à Bordeaux.

Cette lacune est d'autant plus frappante, que la pensée de mettre largement en communication directe l'Est et l'Ouest de la France, remonte à l'origine des premières idées sur les voies de grande communication. L'initiative de ce projet prend son autorité dans le nom d'un homme dont personne ne saurait contester la haute capacité, celui de M. Brisson, un des Ingénieurs que le corps même si savant des ponts et chaussées aura toujours le droit d'être fier d'avoir compté dans ses rangs.

Au point de vue pratique de cette question, il arrive ce

qui arrive presque toujours, toutes les fois que le premier jalon planté pour préparer une solution est une erreur.

Ce premier jalon est le tracé décrété par le Lioran, pour relier directement Lyon avec Bordeaux, et l'on revient difficilement d'une erreur, surtout lorsqu'elle est sanctionnée par une loi.

De là naissent les lenteurs et les incertitudes qui font que personne ne peut encore prévoir le terme d'une solution.

Dans les circonstances actuelles, il m'a paru utile de résumer tout ce qui a été dit et écrit sur cette question.

Mon but est :

1° D'établir le parcours qu'on est forcé de subir pour aller actuellement de Lyon à Bordeaux, par les lignes livrées en ce moment à la circulation,

2° De comparer ce parcours avec celui qu'on pourrait avoir par un tracé direct;

3° De comparer à tous les points de vue le tracé qui constituerait la direction entre Lyon et Bordeaux, par l'exécution des parties comprises entre Brives, le Lot, Aurillac, Arvant, le Puy et Saint-Etienne, faisant partie de la ligne du Grand-Central concédée, et que dans la discussion j'appellerai ligne du Lioran, avec le tracé que je propose, et qui constituerait la même direction, par l'exécution des parties comprises entre Tulle, Argentat, les vallées de la Dordogne et de la Sioule, les abords de Pontgibaud, Clermont, Thiers et Montbrison, et que j'appellerai ligne de la Dordogne.

J'ai dit en commençant qu'en raison de ma position particulière ma tâche était difficile ; ici je dois ajouter qu'au point de vue des faits et de la discussion elle me paraît naïve, tant elle me semble d'une facilité élémentaire.

Pour tout esprit pratique, il est évident que le but capital des voies de chemin de fer est de mettre en relation le plus directement possible nos plus grands centres de population en France ; qu'entre deux points principaux donnés, tous les efforts doivent tendre à déterminer la ligne la plus courte, qui puisse passer par les villes intermédiaires les plus considérables, desservir la plus grande masse d'intérêts généraux possible, présenter le tracé le plus praticable au double point de vue de l'exécution des travaux et de la garantie de circulation par rapport aux conditions climatériques, et enfin ne pas comporter dans son parcours de longues parties stériles en éléments de tonnage.

Pour tout esprit équitable, il est non moins évident que les voies nouvelles de grande communication doivent, autant que cela se peut, s'écarter le moins possible des anciens courants commerciaux et industriels : 1° parce qu'ils ont en général leur raison d'être 2° parce qu'ils constituent des habitudes séculaires, des droits acquis pour les populations, et dont on ne pourrait les dépouiller sans un préjudice réel et considérable. Cette appréciation est au surplus celle du Gouvernement, et elle a été en plusieurs circonstances formulée dans les termes les plus clairs et les plus précis.

Il sera facile de démontrer que le tracé du Lioran est loin de remplir les conditions de ce double programme pour la direction de Lyon à Bordeaux; cela sera d'autant plus facile, que les inconvénients et les difficultés de ce tracé sont aujourd'hui généralement reconnus, et qu'il est dans la pensée de tous que, s'il n'était pas protégé par un décret, il ne trouverait déjà plus depuis longtemps sa place dans la discussion.

Non pas que je veuille me ranger du côté de l'opinion de ceux qui allèguent que ce tracé est rigoureusement impraticable; je reconnais au contraire qu'il aurait sa raison d'être sous le rapport de la distance, si entre Lyon et Bordeaux on ne pouvait réaliser une communication directe plus courte, plus rationnelle, respectant beaucoup mieux les droits acquis, présentant dans son exécution des difficultés moins grandes, des conditions de circulation plus favorables, parcourant des pays plus fertiles en tonnage, et donnant à un degré supérieur satisfaction à l'intérêt général.

Ce n'est pas d'une manière absolue et isolée que je veux discuter le tracé par le Lioran, mais bien surtout d'une manière relative, en le comparant au tracé qu'on pourrait réaliser par la vallée de la Dordogne ; et je ne prétends pas que ce dernier, comme certaines personnes le pensent, ne présente aucune difficulté ; on doit s'attendre à en rencontrer dans tous les chemins à faire en pays de montagnes.

C'est souvent à travers les exagérations de part et d'autre qu'il faut chercher la vérité et la justice ; c'est ce que je désire faire sans passion, parce que je comprends que pour discuter sérieusement et utilement toute question, il y a deux écueils dont il faut également se défendre, la prévention et l'enthousiasme.

Je reprends l'ordre de ma discussion :

Le parcours obligé pour aller aujourd'hui de Lyon à Bordeaux s'exprime par 813 kilomètres.

Cette longueur totale se divise ainsi :

De Lyon à Saint-Etienne	56 kil.
De Saint-Etienne à Roanne	81
De Roanne à Saint-Germain-des-Fossés	66
De Saint-Germain-des-Fossés à Moulins	42
De Moulins au Guétin	51
Du Guétin à Vierzon	89
De Vierzon à Limoges	200
De Limoges à Périgueux	98
De Périgueux à Bordeaux	130
	813

Le décret impérial de 1854, déterminant le tracé Grand-Central entre Lyon et Bordeaux, réduirait, par l'exécution des parties comprises entre Brives, le Lot, Aurillac, Arvant, Brioude, le Puy et Saint-Etienne, le trajet entre ces deux villes à 697 kilomètres.

Cette longueur totale se diviserait ainsi :

De Lyon à Saint-Etienne		56 kil.
De St-Etienne au Puy et du Puy à Brioude		163
De Brioude à Arvant		10
D'Arvant à Massiac		24
De Massiac à Aurillac	153	87
D'Aurillac au Lot		66
Du Lot à Brives		88
De Brives à Périgueux		73
De Périgueux à Bordeaux		150
		697

Je dois indiquer que la distance de 153 kilomètres entre Massiac et Aurillac, et ce dernier point et le Lot, est la distance parcourue par les routes de terre; je l'ai admise comme distance que devrait avoir cette partie de la ligne ferrée; l'étude de cette dernière n'étant pas encore assez avancée pour faire connaître le trajet exact, il est probable que le tracé du chemin de fer entraînerait pour cette distance de 153 kilomètres un développement de parcours plus considérable.

Le tracé que je propose et que j'ai désigné sous le nom de ligne de la Dordogne, constituant la direction la plus courte entre Lyon et Bordeaux, par l'exécution des parties comprises entre Tulle, Argentat, les vallées de la Dordogne et de la Sioule, Clermont, Thiers et Montbrison, réduirait le trajet entre Lyon et Bordeaux à 643 kilomètres.

Cette longueur totale se diviserait ainsi :

De Lyon à Saint-Etienne................	56 kil.
De Saint-Etienne à Montbrison..........	35
De Montbrison à Clermont..............	94
De Clermont à Argentat................	190
D'Argentat à Tulle.....................	33
De Tulle à Brives......................	32
De Brives à Périgueux..................	73
De Périgueux à Bordeaux...............	130
	643

Je résume l'ensemble des distances.

Le trajet actuel entre Lyon et Bordeaux par les lignes livrées en ce moment à la circulation s'exprime par.................................. 813 kil.

Le trajet qu'on pourrait avoir par l'exécution du décret prescrivant le tracé à travers le Lioran s'exprimerait par..................... 697

Et enfin le trajet par le tracé parcourant la vallée de la Dordogne s'exprimerait par...... 643

L'économie du parcours par le Lioran serait donc de.............................. 116

Par la vallée de la Dordogne elle serait de.. 170

Il en résulte une différence de 54 kilomètres en faveur du tracé par la Dordogne comparé à celui par le Lioran.

Comme les chiffres sont sans pitié, il faut bien reconnaître qu'au point de vue de la distance entre Lyon et Bordeaux, le tracé par la Dordogne est préférable à celui par le Lioran.

Et avant tout n'est-on pas frappé de ce fait, que nos voies de grande communication sont encore telles en France, que notre première ville manufacturière, Lyon, et un de nos premiers ports de l'Océan, Bordeaux, soient encore séparés par une distance qui dépasse de 170 kilomètres la distance qu'on pourrait avoir ?

En présence des réformes radicales dont sont frappées toutes nos grandes industries par le traité de commerce avec l'Angleterre, peut-on perdre de vue que Bordeaux est un des points les plus importants des arrivages de produits anglais?

Si l'on suppose un tarif de 5 centimes par tonne et par kilomètre, pour l'ensemble des lignes, il en résulte pour ces 170 kilomètres une augmentation de transport de 8,50 pour toute tonne allant de Lyon à Bordeaux, et réciproquement. Et pour combien de marchandises cette différence est-elle et sera-t-elle suffisante pour que la concurrence contre les produits étrangers ne soit pas possible?

Ce sont surtout ces faits-là qui doivent rassurer le plateau central de la France, et lui donner la conviction qu'il sera bientôt doté à son tour d'une grande voie de communication.

J'ai démontré que, sous le rapport de la distance de Lyon à Bordeaux, le tracé par la Dordogne donnait sur celui par le Lioran une économie de parcours de 54 kilomètres, sans tenir compte de l'excédant de différence qui résulterait probablement de la partie comprise entre Massiac et le Lot. Ce premier avantage reste donc acquis à la discussion.

Sous le rapport des conditions techniques du tracé, la ligne par la Dordogne se recommande encore d'une manière plus expressive.

La traversée des monts Dômes s'était toujours offerte à l'esprit des habitants même du pays comme présentant d'énormes difficultés, et cela se conçoit, parce qu'on s'était surtout préoccupé de la chaîne principale et séparative des deux grands bassins de l'Allier et de la Dordogne, sans tenir compte de la chaîne secondaire ou grand contrefort de la chaîne principale.

Dans une note que je publiais au mois d'août dernier, en collaboration avec M. Bastid, conducteur principal des ponts et chaussées en service à Clermont, nous ramenions à sa véritable expression la nature des difficultés de cette traversée, en faisant connaître les résultats de nos études provisoires pour le tracé compris entre Clermont et Tulle.

Je résume les conditions du tracé indiquées par cette note (voir les cartes).

En partant de Clermont, la ligne se dirigerait entre Royat et Chamalières, passerait par le col de Durtol à peu près à niveau, contournerait la montagne de Tourtoule, enceindrait Volvic, passerait au château de Tournoël, et gagnerait par la vallée de l'Ambène le col du grand contrefort de séparation des vallées secondaires de l'Allier et de la Sioule. Les rampes seraient de $0^m,015$ au maximum par mètre courant. Du col, le tracé descendrait avec des pentes moyennes de 0,0085 dans la vallée de la Sioule qui serait traversée vers Couhay; dans ce parcours, la ligne s'éloignerait peu de Pontgibaud. Du viaduc de Couhay, le tracé longerait la vallée et prendrait à peu de distance celle de la Miouse, qui le conduirait au point de partage de Barreix avec des rampes de 0,0142 par mètre.

Le point de partage de la grande chaine, à Barreix, serait franchi à l'altitude de 912 mètres, au moyen d'une simple tranchée de 25 mètres de hauteur. Après le passage de ce col, le tracé entrerait dans la vallée de la Clidane, qu'il suivrait jusqu'à son confluent avec le Chavanon. La rive droite de cette vallée présente peu d'accidents de terrain ; c'est sur ce côté que le chemin serait assis à l'exposition du sud. Les pentes seraient celles du cours, d'eau, qui a une déclivité de 0,0152 par mètre. De ce point jusqu'à Port-Dieu, elles se réduiraient à 0,0117. Enfin de Port-Dieu à Bort, de là à Saint-Projet, Spontour et Argentat, les pentes varient peu sensiblement sur un parcours de 91 kilomètres, et sont comprises entre quatre et trois millimètres par mètre : c'est la déclivité de la rivière de la Dordogne.

Arrivé à Argentat, deux directions du tracé sont en présence, l'une se dirigeant sur Tulle, où sera la tête du chemin de fer conduisant à Bordeaux, l'autre se dirigeant sur Bretenoux, dans le Lot, à la rencontre du chemin de fer de Bordeaux en exécution. Une étude définitive précédée d'enquêtes sur l'importance plus ou moins grande de l'une ou l'autre direction, pourrait seule déterminer le choix à faire. Dès à présent, on peut donner un aperçu sur les deux tracés. Le premier, qui d'Argentat tendrait à se relier à Tulle, devrait suivre la vallée de la Souvigne, passer par Saint-Amand-Forgès, et s'élever par des rampes de 0,014 environ jusqu'au col de la Garde, sur une longueur qui pourrait être de 19 kilomètres. Le col serait franchi au moyen d'un tunnel de deux kilomètres environ. A sa sortie, la descente vers Tulle aurait lieu au moyen de pentes qui pourraient aller jusqu'à 0,016. La longueur totale du développement de cette branche pourrait être de 33 kilomètres environ.

Le second, qui d'Argentat tendrait à Bretenoux, dans le Lot, à la rencontre de la ligne ferrée en exécution, continuerait à suivre la vallée de la Dordogne avec des pentes de un à deux millimètres.

Le parcours par cette dernière direction serait de 2 kilomètres de moins que celui par la direction sur Tulle.

Pour résumer, à partir de Clermont, jusqu'à Tulle, sur une longueur d'environ 223 kilomètres, on aurait en ce qui concerne les rampes et les pentes très-approximativement les données suivantes :

Rampes de 0,015 sur..................	51,680 m
Pentes de 0,0083 sur..................	18,520
Rampes de 0,014 sur..................	15,200
Pentes de 0,0152 sur..................	18,200
Pentes de 0,0117 sur..................	30,800
Pentes de 0,004 à 0,0022 sur..........	76,000
Rampes de 0,014 sur..................	19,000
Pentes de 0,015 à 0,016 sur............	14,000
Longueur totale..................	223,200 m

A partir de Clermont jusqu'au Lot, à la rencontre du chemin de fer de Bordeaux, elles seraient savoir :

Rampes de 0,015 sur..................	51,680 m
Pentes de 0,0083 sur..................	18,520
Rampes de 0,014 sur..................	15,200
Pentes de 0,0152 sur..................	18,200
Pentes de 0,0117 sur..................	30,800
Pentes de 0,004 à 0,0022 sur...........	76,000
Pentes de 0,0014 sur..................	31,000
Longueur totale..................	221,200 m

Ainsi, on le voit, la chaîne des monts Dômes peut être franchie avec des rampes de 0,015 par mètre à une altitude de 912 mètres et sans tunnel.

Si la direction sur Bretenoux était admise, l'ensemble de la ligne n'exigerait que des percements de 3 à 400 mètres de longueur pour traverser les angles saillants des berges des vallées du Chavanon et de la Dordogne, afin de donner aux courbes des rayons convenables.

Si la direction sur Tulle était préférée, il en résulterait l'obligation d'un tunnel de 2,000 mètres.

Sous le rapport des dépenses de premier établissement, l'ensemble du tracé de Clermont à Tulle sur Bretenoux ne s'écarterait pas notablement des données habituelles des tracés de chemin de fer en pays de montagne (1).

Comparons ces conditions à celles indiquées par les premières études du tracé par le Lioran.

Je retrouve dans une note remarquable sur le complément des voies de communication dans le centre de la France, publiée cette année par M. Mony :

Que la côte du point culminant du tracé au Lioran est de 1140 mètres, et que, suivant des renseignements émanés d'un des auteurs des avant-projets, les devis de Figeac à Massiac portent le kilomètre à 800,000 fr. L'altitude de

(1) Des études complètes apporteraient propablement des modifications à la direction du tracé ; mais elles ne pourraient être que favorables au projet.

1140 mètre au Lioran ne peut être également obtenue qu'en acceptant des rampes de 0,015 par mètre. Sous ce rapport les conditions seraient les mêmes que pour atteindre l'altitude de 912 mètres à Barreix ; mais on arrive à cette dernière sans tunnel, tandis que pour celle du Lioran il faut subir un tunnel qui s'exprime, dit-on, par 6,000 mètres; et il est bon de signaler que le percement pour la route impériale à travers la même montagne du Lioran a coûté 1600 francs le mètre courant.

Ici encore, les chiffres sont sans pitié, et rien n'est plus facile que de les vérifier : ils démontrent que l'altitude la plus forte du tracé par la Dordogne est inférieure de 228 mètres à celle du tracé par le Lioran ; que la première peut être obtenue sans tunnel, tandis que pour la seconde un tunnel important et coûteux sera obligé, quelle qu'en soit la longueur exacte.

Sous le rapport des conditions climatériques, les hivers de deux années sur les quatre dernières sont venus donner la mesure de ce que l'on devrait s'attendre à rencontrer par le Lioran, au point de vue de la circulation; pendant celui de 1856 à 1857, le service du courrier d'Aurillac à Arvant n'a dû d'être maintenu qu'à la persistance énergique et très-intelligente de M. Paillard, alors préfet du Cantal, qui avait bien compris qu'une interruption avouée serait l'arme la plus dangereuse contre cette partie du tracé du Grand-Central.

Pendant le dernier hiver de 1859 à 1860, les difficultés se sont encore présentées sous un aspect plus grand, et cette fois la lutte a été des plus énergiques pour maintenir le service du courrier. On assure qu'il s'est dépensé, sous le titre de frais d'entretien, pendant cet hiver, de 1000 à 1100 francs par certains kilomètres, pour le déblaiement des neiges, et malgré ces sacrifices énormes il doit exister quelque part, peut-être même dans les cartons de la Compagnie d'Orléans, un arrêté de M. le sous-préfet de Murat, pris par mesure de sécurité publique, pour interdire au courrier d'Aurillac à Brioude la circulation de la route, afin de ne pas compromettre l'existence des voyageurs; tandis que la diligence faisant également le service de courrier de Clermont à Aurillac pouvait vaincre les obstacles, même sur les plateaux de Laqueuille, qui ont une altitude bien supérieure à celle qu'occuperait la ligne à Barreix, et alors qu'on ne faisait rien pour déblayer les neiges.

Ces faits sont de la nature de ceux qui ne se discutent pas, il suffit de les signaler, parce qu'ils sont connus de tout le pays.

Ayant à donner, il y a quatre ans, mon opinion sur le passage de la direction de Lyon à Bordeaux à travers le Lioran, j'écrivais :

« En étudiant la carte des chemins de fer en France, on est frappé de voir que la compagnie du Grand-Central semble avoir cherché pour relier Bordeaux, un de nos premiers ports de l'Océan, avec Lyon, notre première ville manufacturière du centre de la France, à suivre la ligne la plus longue à travers les pays présentant les plus grandes difficultés, dans les moyens d'exécution et de circulation, fournissant les éléments de transport les moins importants sur les points intermédiaires et parcourant les contrées les moins populeuses.

» Si l'on fait le trajet d'Aurillac à Lempdes, point où la ligne de Bordeaux et celle de Montauban viennent se relier au Grand-Central dans le Puy-de-Dôme, on peut être frappé de la pensée hardie de faire traverser ce pays par un chemin de fer, avant que toutes les lignes qui ont une raison d'être évidente soient exécutées ; mais il est impossible d'en trouver la justification pour le moment.

» D'Aurillac à Lempdes, le tracé comporte une distance d'environ 120 kilomètres, dont le parcours sera complétement stérile en ce qui concerne le tonnage qu'on pourra y recueillir. Les arrondissements de Murat et de Saint-Flour ne possèdent aucune industrie importante, aucun dépôt houiller ou métallique connu, et pouvant donner lieu à des transports de quelque valeur, pas même une forêt importante, celle du Lioran ayant été exploitée depuis plusieurs années.

» Les habitants du pays, à défaut d'arguments sérieux, ont fait sonner bien haut le transport des bestiaux et des fromages; mais cette prétention, pardonnable au sentiment aveugle du clocher, qui ne tient pas compte des ressources de tonnage dont une ligne ferrée a besoin, se comprend, mais ne mérite pas les honneurs de la discussion.

» *D'Aurillac* à *Lempdes*, il se présente des difficultés d'exécution immenses et qui ne peuvent être comparées à celles rencontrées dans l'ensemble des lignes exécutées jusqu'à ce jour en France.

» Le cours de l'Alagnon présente des courbes raides, des berges abruptes qui obligeront à des travaux d'art presque continus.

» Le percement du Lioran pour la route impériale, sur une longueur de 1500 mètres environ, a coûté 1600 francs le mètre courant; pour le passage du chemin de fer, la même montagne doit être traversée à un niveau bien inférieur, et sur une longueur, dit-on, de 6000 mètres.

» Si l'on admet que la dépense de 1600 francs par mètre pour le percement de la route impériale a été bien employée, comme cela est très-probable, on peut bien évaluer que le percement pour le chemin de fer entraînera dans une dépense de 2,000 francs au moins par mètre, en raison des puits nombreux et profonds qu'il nécessitera pour son exécution.

» *Ce n'est pas tout*, on pourra bien, avec des sacrifices énormes de temps et d'argent, avoir raison des difficultés d'exécution qui se rencontreront à chaque pas, de Lempdes (1) à Aurillac, mais on viendra certainement échouer

(1) Pour éviter toute confusion, je dois indiquer que le point de raccordement de la ligne sur Aurillac et de celle sur le Puy, est indifféremment désigné par Lempdes et Arvant.

durant des semaines, peut-être des mois entiers, devant les neiges pendant les hivers rigoureux.

» Section improductive sous le rapport du tonnage qu'on pourra prendre dans son parcours ;

» Difficultés énormes à surmonter dans l'exécution des travaux, et partant dépenses considérables ;

» Interruption presque certaine de la circulation pendant les hivers rigoureux :

» Voilà ce qui résume d'une manière qu'on ne saurait contester les conditions de la partie du chemin de fer entre *Lempdes et Aurillac.*

» Si l'on se rend bien compte que la ligne de *Bordeaux à Lyon* doit être considérée comme une ligne de premier ordre, parce qu'elle est destinée à absorber non-seulement toute la circulation et tout le trafic entre le sud-ouest et l'est de la France, mais encore à devenir la voie directe pour les rapports de la haute Italie et de la Suisse, on comprendra le danger énorme qu'il y aurait à admettre dans son parcours une partie de trajet où la circulation pourrait être compromise en hiver, ne fût-ce que pendant quelques semaines.

» La ligne de Montauban à Clermont se trouverait dans le même péril.

» Si au contraire, à partir d'Argentat ou de Bretenoux, on remonte la vallée de la Dordogne, on entre dans un pays relativement tempéré et on reste presque constamment dans le voisinage des terrains houillers jusqu'à Bourg-Lastic ; on traverse des pays actifs, riches et populeux ; la bonne exploitation des forêts de l'arrondissement de Mauriac et du département de la Corrèze devient possible.

» Qu'en sortant des vallées qui se succèdent on passe sur les plateaux pour descendre ensuite à Clermont, cette ville importante reste par les chemins de fer ce qu'elle a toujours été par les routes de terre, en raison de sa position topographique, le grand entrepôt naturel entre Lyon et Bordeaux, ou qu'on maintienne le tracé dans les vallées pour venir s'embrancher aux environs de Gannat, on ne cesse de mettre en communication la plus directe les points les plus importants, les plus riches et les plus populeux du centre de la France, avec Bordeaux.

» Dans l'un comme dans l'autre cas, on met en concurrence les grands et riches bassins houillers de l'Allier avec ceux de la Dordogne.

» Ces notes, on le comprend, ne sont que des jalons plantés pour une discussion plus serrée, appuyée sur des chiffres ; mais à mesure qu'on avancera dans l'examen de cette question, on verra combien son importance est grande pour le centre de la France.

» Que la Compagnie chargée des tronçons qui doivent compléter les réseaux de Lyon à Bordeaux, et de Montauban avec le Centre, ne redoute pas d'ordonner des études sérieuses, complètes et comparatives ; c'est le seul moyen d'arriver à la puissance d'éléments nécessaires pour faire rapporter un décret.

» On a fait du passage du Grand-Central entre Aurillac et Lempdes une question de tour de force, une question de philanthropie, pour vivifier des pays difficiles ; que l'on entre dans cette voie alors que toutes les grandes communications directes et naturelles seront établies, cela se comprendrait; mais qu'on aventure une grande artère comme celle de *Lyon à Bordeaux*, et par suite une ligne importante comme celle de Mantauban au Centre, par un sentiment qui ne serait qu'un faux point d'amour-propre, cela ne se comprendrait pas. »

Depuis le moment où j'écrivais ces lignes, alors que je n'avais pour base de mon opinion que ce qui frappe au premier examen d'une question, la discussion s'est établie d'une manière sérieuse.

Encore est-il important d'ajouter que l'exécution de la ligne du Lioran ne résoudrait pas la direction de Lyon à Bordeaux telle qu'elle a été conçue; il faudrait aussi exécuter celle de Brioude au Puy ; or cette section présente dans son exécution de grandes difficultés, sans permettre la moindre illusion sur les éléments de tonnage dans son parcours, et la compagnie de la Méditerranée ne paraît pas plus flattée de ce legs de la compagnie du Grand-Central que ne l'est celle d'Orléans du legs de la ligne du Lioran.

A mesure que la ligne de Brioude à Alais prend plus de chances d'être exécutée, celle de Brioude au Puy devient de plus en plus douteuse.

M. Mony, dans sa note sur le complément des voies de communication dans le centre de la France, s'occupant du chemin de fer par la vallée de la Dordogne à un point de vue de considérations très-élevées, disait :

« Au point de vue géologique, les territoires dont nous nous occupons présentent un caractère des plus saillants, et qui au moment où l'on sent l'indispensable nécessité de mettre en valeur toutes les richesses houillères de la France, me paraît mériter la plus sérieuse attention.

» Si l'on part de Moulins pour venir gagner la ligne de faîte du quadrilatère (1) et descendre de là la vallée de la Dordogne, on rencontre sur un parcours qui n'a pas 200 kilomètres, douze bassins houillers.

» Voici les noms de ces douze bassins :

» Bassin de Fins et Noyant ;
— du Montet et des Gabeliers ;
— de Bezenet, Doyet, Montvicq ;
— de Commentry ;
— des Ferrières ;
— de Saint-Éloi et la Vernade ;

---

(1) M. Mony désigne, sous le titre de *Quadrilatère central*, le vaste périmètre qui a pour limites :

Au nord, le chemin de fer de Nevers à Vierzon, en exploitation, et celui de Vierzon à Tours, concédé ;

A l'ouest, le chemin de Tours à Bordeaux, en exploitation ;

Au midi, le chemin de Coutras à Périgueux, en exploitation ; celui de Périgueux à Brives, ouvert depuis quelques mois ; celui de Brives à Figeac, dont l'ouverture est annoncée pour 1862 ; et enfin la ligne de Figeac à Arvant, dont une partie, celle d'Arvant à Massiac, est en cours d'exécution, et dont le reste, entre Figeac et Massiac, sur un parcours de plus de 100 kilomètres, compose le tracé le plus hérissé d'obstacles qui ait encore été projeté.

» Bassin de la Sioule (peu exploré) ;

— d'Herment (peu exploré) ;

— de Messeix (anthracite) ;

— de Singles ;

— de Champagnac ;

— de Brives, continué par les bassins de Donzenac et Juliac.

» Tous ces bassins, sans doute, ne sont pas de première importance, mais on ne peut contester ce rang à celui de Commentry.

» Les bassins de Doyet, de Bezenet et de Champagnac sont des plus considérables dans les bassins de second ordre ; Messeix a une importance réelle.

» En un mot, la richesse houillère existant sur le parcours que nous venons de tracer est des plus intéressante, soit par ce qu'elle est, soit par ce qu'elle peut être.

» Quelle est la meilleure manière de tirer parti de ces grandes richesses ?

» La distribution si remarquable des bassins houillers sur la ligne de faîte du quadrilatère indique clairement la solution. Il faut les relier tous entre eux par une ligne principale, canal ou chemin de fer, et favoriser la diffusion de leurs produits par des embranchements secondaires aussi multipliés que le permet la nature des lieux.

» La ligne principale s'impose d'elle-même. C'est une ligne qui reliera la vallée de la Dordogne à celle du Cher et de l'Allier, et qui aura cet avantage singulier, que c'est dans sa partie la plus difficile, dans son faîte, qu'elle trouvera les richesses auxquelles il importe d'assurer des débouchés.

» A coup sûr, si un canal est possible dans cette direction, nul canal n'aura été appelé à rendre de plus grands services.

» Quoique les connaissances géologiques ne fussent pas en 1829 ce qu'elles sont aujourd'hui, quoique sur les douze bassins houillers que nous avons nommés plus haut l'on n'en connût alors que trois ou quatre, la perspicacité de M. Brisson ne pouvait pas lui laisser un instant douteuse l'extrême importance de la jonction des vallées de la Dordogne, de l'Allier et du Cher. Cette grande ligne de navigation est examinée en effet avec le plus grand soin dans l'*Essai sur le système général de navigation.* M. Brisson établit que le canal est possible, et il en fixe la dépense à 56,902,000 francs. Mais en même temps, par une prescience qui a droit d'étonner, si l'on se rappelle l'état des idées sur les chemins de fer en 1829, il termine son examen par la réflexion suivante :

» Les difficultés que peuvent offrir à l'assiette du canal
» les vallées de la Dordogne et du Sioulet, surtout dans
» leurs parties supérieures, et le grand nombre d'écluses,
» peuvent rendre l'exécution de ce canal dispendieuse et
» sa navigation lente et pénible. L'importance de cette
» ligne de communication pour les provinces centrales de
» la France devra du moins appeler l'attention sur la

» possibilité d'y remplacer la navigation par un chemin » de fer, et la direction que nous indiquons est précisé- » ment celle que devrait affecter un chemin de ce genre. »

M. Mony, continuant, dit :

» Toutes les études faites depuis M. Brisson ont confirmé ses prévisions, et je crois que tout monde est d'accord aujourd'hui pour reconnaître que le débouché de la houille par la vallée de la Dordogne doit s'effectuer par un chemin de fer, et non par un canal.

» Acceptons donc cette solution. Elle assure aux douze bassins houillers du Centre leur sortie sur le sud-ouest, et introduit dans le riche bassin de la Gironde un nouvel et puissant élément de concurrence contre les houilles anglaises, qui ont conquis bien au-delà de la moitié de la consommation de ce bassin. »

Plus loin, M. Mony résume d'une manière heureuse son opinion sur cette question, en exprimant que le véritable nom de la grande ligne par la vallée de la Dordogne, devrait être celui-ci : Ligne des douze bassins houillers du Centre.

Depuis la publication de la note de M. Mony, je crois avoir démontré, par les études de M. Bastid et les miennes, que le tracé par la Dordogne pouvait se prolonger sans obstacles sérieux à travers la chaîne secondaire des monts Dômes, de manière à venir aboutir à Clermont, *et c'est là un point important pour la conservation des droits séculairement acquis et pour la solution du trajet le plus court entre Bordeaux et Lyon.*

Les hivers de 1856 à 1857 et de 1859 à 1860 sont venus donner la mesure des difficultés qu'on aurait à surmonter, pendant des mois entiers, dans la circulation du chemin qui serait exécuté à travers le Lioran.

Après ces considérations générales et ces conditions techniques, rien n'est plus propre à porter la lumière sur cette discussion que les vœux émis par les départements du Puy-de-Dôme, de la Corrèze et une partie de celui du Cantal, parce que personne n'éprouve et n'exprime mieux les besoins et les droits d'un pays que ceux qui le connaissent et l'habitent.

Dans la dernière session de cette année 1860, la Commission des travaux publics du conseil général de la Corrèze, présentait à l'assemblée générale le rapport suivant :

Quatrième Question.

RECTIFICATION DU CHEMIN DE FER DE BORDEAUX A LYON.

« Lorsque le Gouvernement, par la convention passée en 1855, avec l'ancienne compagnie du Grand-Central, concéda la ligne de Bordeaux à Lyon par Périgueux, Brives et Aurillac, le département de la Corrèze se trouva dépouillé des communications qui existaient de temps immémorial à travers son territoire.

» Nous avons parlé plus haut des difficultés d'exécution de la partie de cette ligne comprise entre Aurillac et Massiac, et l'on peut prévoir l'hypothèse où le Gouvernement serait amené à reconnaître la nécessité d'une rectification.

» D'un autre côté, la ville de Clermont et le centre du département du Puy-de-Dôme sont, comme le département de la Corrèze, privés de la voie de Bordèaux à Lyon. Soit, en effet, que l'on persiste à faire passer cette voie par Aurillac et Brioude, soit qu'on la dirige, comme il en a été question, par Limoges, Montluçon, Saint-Germain-des-Fossés et Roanne, Clermont, ancienne métropole des deux Auvergnes, cité riche et populeuse, animée par une industrie et un commerce actifs, placée aux abords de l'une des plus belles et opulentes plaines de la France, reste à l'écart et perd l'une des sources de sa prospérité.

» Il y a donc dans le département de la Corrèze et celui du Puy-de-Dôme une identité de position qui les unit par une étroite solidarité. Nous sommes les uns et les autres fondés à rappeler que le Gouvernement, dans diverses circonstances et notamment dans un rapport adressé à l'Empereur, en 1854, par S. Exc. M. le Ministre des travaux publics, a exprimé formellement l'intention de respecter les courants commerciaux et industriels déjà établis et développés par un travail séculaire; de respecter ce qu'il considère comme un droit, une position acquise, et de s'y conformer, autant que possible, dans le tracé des lignes de chemins de fer.

» C'est au nom de ce droit que la ville de Clermont, représentée par son Maire, M. le comte Léon de Chazelles, député au Corps législatif, a réclamé, avec les instances les plus vives, contre une dépossession menaçante pour son avenir. C'est au même droit que le Conseil général du Puy-de-Dôme réclame, à chaque session, la rectification du chemin de fer de Bordeaux à Lyon, et son passage par la vallée de la Dordogne et Clermont.

» Le Conseil général de la Corrèze, dans ses deux sessions de 1858 et 1859, a émis, en des termes pressants, des vœux conformes à ceux du département voisin.

» Mais indépendamment de l'intérêt d'une abréviation de trajet pour les communications de long parcours entre le port de Bordeaux et la cité lyonnaise, indépendamment de la convenance, et même en quelque sorte de la nécessité de desservir le centre de deux départements, il existe, Messieurs, dans cette question, un intérêt spécial, topique, et de la nature de ceux que le Gouvernement a lui-même placés au premier rang.

» Nous voulons parler du riche bassin houiller que traverse la haute Dordogne.

» Nous avons déjà fait mention, dans le paragraphe précédent, des mines situées à Champagnac et autres lieux, sur les deux rives de la Dordogne, en amont et en aval de Bort, c'est-à-dire partie dans le département de la Corrèze, partie dans ceux du Cantal et du Puy-de-Dôme. Ces mines, récemment concédées par le Gouvernement à des capitalistes puissants, qui ont déjà dans leurs mains les riches gisements de Commentry, n'ont besoin, pour être l'objet d'exploitations fructueuses, pour devenir une richesse locale, et contribuer au développement de l'industrie dans la haute Auvergne et dans le bas Limousin, n'ont besoin, disons-nous, que de voies rapides de communication.

» Or, nous sommes autorisés à rappeler ici que, dans la lettre écrite par l'Empereur à S. Exc. M. le Ministre d'Etat, le 5 janvier dernier, et dans le rapport remarquable présenté à Sa Majesté par M. le Ministre de l'agriculture, du commerce et des travaux publics, à propos du traité de commerce avec l'Angleterre, le Gouvernement a considéré le raccordement des gisements minéraux et des houillères en particulier au réseau des voies ferrées, comme un objet d'utilité supérieure, de première nécessité.

» Or, Messieurs, si les vœux de la Corrèze et du Puy-de-Dôme étaient exaucés, la ligne rectifiée de Bordeaux à Lyon par la vallée de la Dordogne et Clermont, traverserait les gisements houillers de la haute Dordogne, et déverserait dans le département du Cantal et du Puy-de-Dôme à l'est, dans ceux de la Corrèze et de la Haute-Vienne à l'ouest, les produits de leur exploitation.

» Cette pensée féconde a pris un corps, et nous avons eu sous les yeux un projet de cette ligne, sommairement étudié par M. Dubreuil, ingénieur de la compagnie des mines de Champagnac, et par M. Bastid, conducteur des ponts et chaussées, attaché au service ordinaire du département du Puy-de-Dôme.

« Cet avant-projet se compose d'une notice détaillée et de trois cartes : la première, indiquant le tracé général de la nouvelle ligne projetée, dans ses rapports avec l'ensemble des lignes concédées au centre de la France ; la deuxième, contenant les détails du tracé proposé ; la troisième, présentant le profil en long de ce même tracé.

» De Clermont, la ligne se dirigerait entre Royat et Chamalières, passerait par le col de Durtol, contournerait la montagne de Tourtoule puis Volvic, passerait par le château de Tournoël et gagnerait par la vallée de l'Ambène le col du grand contrefort de séparation des vallées secondaires de l'Allier et de la Sioule. Du col, on descendrait dans la vallée de la Sioule; on passerait à une faible distance de Pontgibaud et de ses usines; on tomberait dans la vallée de Couhay, puis dans celle de la Miouse, et l'on arriverait au point de partage de la grande chaîne à Barreix. Ce point de partage serait franchi au moyen d'une tranchée. Le tracé se trouverait alors dans la vallée de la Clidane, d'où il passerait dans celle du Chavanon, longerait sa rive droite, pénètrerait ensuite dans la vallée de la Dordogne, et descendrait à Port-Dieu, à Bort, à Champagnac, à Saint-Projet, Espontour et Argentat.

» A partir de ce point, les auteurs de l'avant-projet ont étudié deux combinaisons différentes, dont l'une consisterait à se diriger vers Tulle par la vallée de la Souvigne, le col de Louradour ou de Lagarde et la vallée de Laguêne; et l'autre continuerait de longer la Dordogne, passerait à Beaulieu, puis à Bretenoux, où la nouvelle voie rencontrerait la ligne de Périgueux à la rivière du Lot.

» Sans nous prononcer sur la question des tracés, nous voyons, dans cet avant-projet, la formule générale de l'idée de la rectification du chemin de fer de Bordeaux à Lyon. Il appartiendrait à MM. les ingénieurs de compléter cette étude sommaire par des opérations sur le terrain, et à la suite de ces opérations le Gouvernement serait peut-être naturellement amené à adopter la rectification que nous sollicitons.

» En résumé, sur cette quatrième et dernière question, la possibilité d'abréger le parcours entre Bordeaux et Lyon, la réparation due aux deux départements de la Corrèze et du Puy-de-Dôme, déshérités par les concessions de 1855, les vœux réitérés des populations, militent en faveur de notre proposition; et nous pouvons en outre, Messieurs, l'appuyer sur les promesses solennellement faites par le Gouvernement impérial, en 1855, aux contrées qui sont en possession de courants commerciaux, et en 1860 aux industriels puissants qui ont pour tâche de mettre au jour les richesses minérales que notre sol recèle. »

A la discussion générale des vœux, l'opinion du Président se résumait ainsi qu'il suit :

« M. le Président conclut dès lors contre les deux premières propositions de la Commission ; mais il déclare adhérer complètement aux deux autres. Il fait observer, en ce qui concerne le tracé du chemin de fer de Lyon à Bordeaux, que ce chemin doit coûter 78 millions, dont 37 à dépenser entre Aurillac et Massiac, et que cette dernière dépense aura lieu en pure perte, car il est impossible de rendre ce passage praticable pendant la saison des neiges Il n'hésite donc pas à se prononcer en faveur du tracé indiqué pour ce chemin par la Commission, et qui, passant à Clermont et suivant les vallées de la Sioule et du Chavanon, traverserait le bassin houiller de Champagnac, si riche en minerais, et viendrait, par la vallée de la Dordogne, aboutir à Argentat, d'où il se dirigerait sur Tulle et sur Brives. Ce serait là le tracé normal et direct de la grande ligne de Lyon à Bordeaux, dont le département était autrefois en possession, et qui lui serait ainsi restitué. »

Et enfin, après ces observations, les conclusions formulées dans le rapport de la Commission, en ce qui concerne la rectification du chemin de fer de Bordeaux à Lyon, sont mises aux voix par M. le Président et adoptées par le Conseil général.

La conclusion du Président du Conseil général, en ce qui concerne le tracé du chemin de fer de Lyon à Bordeaux, a une portée d'autant plus grande qu'elle ne peut avoir été entraînée que par la puissance des faits, puisque dans une précédente session, celle de 1858, il faisait de l'opposition au vœu proposé par le rapporteur de la Commission, relativement au même tracé par la vallée de la Dordogne, et le compte rendu traduisait ainsi son opinion :

« M. le Président croit devoir expliquer au Conseil la portée du vœu dont l'émission lui est demandée. Il rappelle que deux lois ont sanctionné le tracé par Lempdes, Massiac et Aurillac du chemin de Lyon à Bordeaux, tracé qui est réellement le plus court et celui où les éléments de trafic sont les plus abondants. Il fait observer que le chemin le plus difficile, quant aux conditions d'exécution, celui de Saint-Etienne à Lyon, est le premier qui ait été exécuté en France. Il adjure le Conseil général de se mettre en garde contre des propositions qui auraient pour objet de bouleverser tout ce qui a été arrêté jusqu'à présent par le pouvoir législatif, en ce qui touche les chemins de fer auxquels le département est intéressé, de suspendre et de rendre inutiles de grands travaux déjà commencés. Il est à craindre, selon lui, que de semblables vœux dénotent une certaine incertitude dans les vues du Conseil général qui doivent être persévérantes.

Malgré cette opposition, la proposition mise aux voix était adoptée. *Depuis lors le Conseil général de la Corrèze a été de la plus grande persévérance dans cette question; c'est parce qu'il était dans le vrai, et d'une manière si évidente, que son président a été à son tour entraîné à exprimer l'avis le plus écrasant contre le tracé du Lioran et le plus favorable pour celui de la Dordogne.*

Dans sa dernière session, le Conseil général du Puy-de-Dôme était aussi explicite que celui de la Corrèze. Dans la séance du 29 août, la Commission des travaux publics présentait à l'assemblée générale le rapport suivant :

Ligne de Clermont à Bordeaux par Tulle.

« Vos désirs d'une ligne directe de Clermont à Bordeaux, passant par Tulle et Brives, n'ont jamais varié.

» L'an dernier, sur des études préliminaires soumises à votre commision, vous renouveliez vos vœux pour que cette direction fût étudiée par la Compagnie d'Orléans ou par le Gouvernement, et vous exprimiez la préférence que vous lui donniez sur toutes les autres lignes qui pourraient nous mettre en rapport avec Bordeaux.

» Des études plus avancées nous ont été soumises à cette session; vous avez entre les mains le travail fait par M. Dubreuil, et la connaissance que vous avez des localités vous met à même d'apprécier que les études qui vous ont été présentées ont un caractère sérieux. Il ne vous reste plus aucun doute sur ce point important qu'il est facile de franchir la chaîne des monts Dômes.

» Au point de vue de l'ensemble de notre département et de son centre, la ville de Clermont, cette ligne est la seule qui puisse leur restituer les droits séculaires du grand transit de Bordeaux à Lyon, qui étaient acquis par la route n° 89.

» Au point de vue de l'intérêt général, il suffit de porter les yeux sur une carte de France, pour reconnaître que, si à la suite de ce tracé on fait figurer celui de Clermont à Saint-Etienne par Thiers et Montbrison, on aurait résolu entre tous les tracés possibles celui qui se rapproche le plus de la ligne droite entre Lyon et Bordeaux. Or, Messieurs, vous émettez tous les ans un vœu pour que cette ligne soit réalisée.

» Notre attention s'est portée sur les ressources du trafic que présentait cette ligne. Nous avons été frappés d'un fait qui, touchant au plus haut point à l'intérêt national, touche plus directement encore aux intérêts de notre departement par les ressources qu'il pourrait en retirer. En effet, il existe depuis Souvigny, dans l'Allier, jusqu'à Brives, dans la Corrèze, douze bassins houillers, dont plusieurs sont de premier ordre. Ils suivent une ligne qui traverse l'Allier, le Puy-de-Dôme, une partie du Cantal et la Corrèze. Leurs solutions de continuité ne sont souvent qu'apparentes; ils plongent d'une manière évidente en plusieurs points sous des formations tertiaires ou des coulées volcaniques. Un chemin de fer reliant entre elles toutes ces richesses, ne serait-il pas le véritable chemin des houillères en France, et n'affranchirait-il pas tout notre littoral de l'ouest de la domination des charbons anglais?

» Votre Commission, Messieurs, est profondément convaincue que cette direction est la seule qui puisse avantageusement faire participer la plus grande partie des départements du plateau central au grand mouvement industriel et commercial imprimé par les lignes de chemins de fer. Ai-je besoin, Messieurs, de vous dire les avantages réservés à notre département, lorsqu'il aurait repris, relativement au chemin de fer, le rang qu'il occupait par sa position topographique alors que la lutte se soutenait seulement par les routes de terre?

» Vous ne sauriez demander avec une trop vive instance au Gouvernement, qu'il veuille bien considérer que les localités les plus importantes, entre Lyon et Bordeaux, sont Saint-Etienne, Clermont et Tulle; qu'il serait désastreux pour ces villes d'être laissées en dehors du mouvement qui doit relier nécessairement deux grands centres comme Lyon et Bordeaux, alors que la direction la plus normale, la plus courte, celle qui peut desservir la plus grande masse d'intérêts, se trouve les traverser naturellement.

» Vos instances doivent être d'autant plus vives que vos intérêts ont peut-être à combattre les tendances des grandes compagnies de chemins de fer à lutter contre tout projet de lignes à travers les montagnes.

» En demandant au Gouvernement de vouloir bien ordonner des études officielles, vous manifesterez votre profonde confiance dans sa sollicitude et dans le bon droit de vos réclamations. »

L'avant-dernier passage de ce rapport me frappe et me paraît avoir, dans les circonstances actuelles, une portée qui doit particulièrement fixer l'attention; je dirai plus loin pourquoi.

Le Conseil, délibérant, conformément aux propositions de la Commission, émet les vœux :

« Que le Gouvernement veuille bien soumetre aux enquêtes les études faites entre Clermont et Montbrison par Thiers et Boën (1);

(1) On m'informe qu'une révision des études de cette ligne vient d'être ordonnée par Son Excellence le Ministre des travaux publics, de l'agriculture et du commerce.

» Que le Gouvernement veuille bien ordonner des études officielles pour la direction de Bordeaux à Lyon dans la partie comprise entre Clermont et Bordeaux, par les vallées de la Sioule et de la Dordogne, Tulle et Brives. »

La ville et l'arrondissement de Mauriac devaient naturellement prendre part au débat, puisqu'ils étaient les plus intéressés à la question d'un chemin de fer devant pénétrer dans le Cantal. Aussi le conseil municipal de cette ville, dans sa séance du 6 novembre 1859, suivant l'exemple qui lui avait été déjà donné par son conseil d'arrondissement, prenait-il un vote pour nommer une Commission chargée de faire ressortir les avantages qui résulteraient pour la ville de Mauriac d'une ligne ferrée parcourant la vallée de la Dordogne.

Cette Commission présentait le rapport suivant au Conseil dans sa séance du 12 février 1860.

« Messieurs,

» La pensée de mettre en relation, par une grande voie de grande communication, la vallée de la Dordogne avec celle de l'Allier, est déjà fort ancienne : son utilité avait frappé les hommes d'état et les économistes les plus distingués, elle avait, vous le savez, donné lieu à l'étude d'un grand projet de canalisation, dont l'exécution avait été ajournée, en raison des dépenses considérables qui devaient en résulter; mais il était resté dans la pensée de tous, que tôt ou tard la vallée de la Dordogne serait dotée d'une grande voie de transport. Cette éspérance semble devoir prochainement aboutir à sa réalisation par l'achèvement des réseaux de nos grandes lignes de chemins de fer en France.

» Votre attention a été particulièrement fixée par les vœux

émis et réitérés par les Conseils généraux des départements du Puy-de-Dôme et de la Corrèze et par le Conseil d'arrondissement de Mauriac, tendant tous à obtenir que la grande ligne ferrée de Lyon à Bordeaux prît les vallées de la Dordogne et de la Sioule, pour parcourir ensuite les plateaux de Pontgibaud et Volvic et venir toucher à Clermont.

» Vous avez compris que l'exécution de ce projet serait de nature à vivifier au plus haut degré l'arrondissement de Mauriac, et vous avez pris l'initiative pour porter votre appui à ces vœux et vos sollicitations pour qu'ils soient entendus.

» Il ne nous appartient pas essentiellement de faire ressortir les avantages généraux que présenterait cette direction; qu'il nous soit cependant permis de vous en dire quelques mots.

» Le département du Puy-de-Dôme, avec une persistance qui ne peut être justifiée que par les motifs sérieux sur lesquels elle s'appuie, demande un embranchement sur Montbrison par Thiers; tout permet d'espérer la réalisation de ce projet, qui aurait pour résultat de créer la direction la plus courte possible entre Lyon et Clermont.

» Si, d'un autre côté, les vœux émis pour que la ligne ferrée devant couper la Dordogne au-dessous de Bretenoux, dans le Lot, prenne, à partir de ce point, la direction proposée par les vallées de la Dordogne et de la Sioule, et venant aboutir à Clermont, étaient satisfaits, il suffit de porter les yeux sur une carte de France pour reconnaître qu'on aurait résolu, entre tous les tracés possibles, celui qui se rapprocherait le plus de la ligne droite entre Bordeaux et Lyon.

» Or, Messieurs, cette première considération, de mettre en relation, le plus directement possible, notre premier port de l'Océan avec notre première ville manufacturière, serait de nature, à elle seule, à nous faire concevoir l'espérance que notre pays sera à son tour appelé à participer aux bienfaits des grandes entreprises industrielles.

» Si votre attention se porte sur les ressources de trafic que présenteraient les rives de la Dordogne à une ligne ferrée les parcourant, vous serez au premier abord frappés d'un fait qui touche au plus haut point à l'intérêt national : il existe depuis Souvigny dans l'Allier, jusqu'à Brives dans la Corrèze, douze bassins houillers; les solutions de continuité accusées par ces dépôts ne sont souvent qu'apparentes; ils plongent d'une manière évidente, et sur plusieurs points, sous des formations tertiaires ou des dépôts volcaniques.

» Un chemin de fer reliant toutes ces richesses houillères et mettant particulièrement en valeur celles du bassin de la Dordogne, n'aurait-il pas pour résultat certain d'affranchir tout notre littoral de l'ouest de la domination anglaise pour la fourniture des charbons indispensables à toutes les industries?

» Ne suffit-il pas de constater que les arrivages de charbons anglais à Bordeaux s'expriment par an par le chiffre de deux millions d'hectolitres, pour donner la mesure du préjudice qu'aurait à éprouver tout notre littoral de l'ouest, si jamais une guerre s'élevait entre la France et l'Angleterre ?

» Ces considérations générales, vous le comprendrez, Messieurs, ont un côté technique et une portée politique qu'il ne nous appartient pas de développer; aussi nous sommes-nous bornés simplement à les effleurer, et seulement dans le but de vous indiquer que de grands intérêts généraux servaient de base aux intérêts locaux que vous avez à mettre en cause.

» Ce sont surtout les avantages qu'aurait à retirer la ville de Mauriac de la création de cette voie ferrée, que vous avez à faire ressortir.

» Ces avantages, vous les connaissez tous, et nous savons qu'en les exprimant nous ne faisons que traduire la pensée de chacun de vous.

» Nous voyons chaque année le nombre des émigrants augmenter, et cela se conçoit en présence de ce fait, que le travail agricole dans nos montagnes ne peut constamment occuper tous les bras ; le pays doit-il rester indéfiniment rivé à cette nécessité de l'émigration ? Nous ne le pensons pas.

» Le jour où une grande voie de transport viendrait ouvrir un débouché aux produits du riche bassin houiller de Champagnac, qui touche presque à nos portes, loin de voir diminuer chaque année notre population, nous la verrions au contraire s'augmenter considérablement, et l'émigration, qui est une cause de démoralisation pour nos pays, cesserait, on ne peut en douter.

» On se rend facilement compte de l'élément considérable de travail que trouveraient nos populations dans l'exploita-de la houille, en disant que le seul bassin de Champagnac contient cinq concessions renfermant entre elles une superficie d'environ trois mille hectares, et que, d'après les appréciations déjà anciennes de M. l'Ingénieur en chef des mines Baudin, la richesse houillère de ce périmètre concédé, dont la longueur est de seize kilomètres, serait comprise entre cent vingt millions et deux cent quarante millions d'hectolitres de houille; or, vous le voyez, Messieurs, ce serait déjà l'élément d'un travail important plus que séculaire, et encore devrons-nous ajouter que les travaux exécutés depuis trois ans dans une partie de ce bassin sont de nature, par leurs résultats, à justifier largement les appréciations de M. l'ingénieur Baudin.

» L'exploitation de la houille ne resterait certainement pas le seul élément de travail industriel; il existe dans l'arrondissement de Mauriac des gîtes de minerais de fer oxydé, de plomb et d'antimoine sulfurés qui, devenant probablement l'objet de recherches sérieuses, pourraient provoquer dans l'avenir la création d'usines métallurgiques.

» Les carrières de trachyte et de dolérite qui existent dans le pays, fourniraient des matériaux précieux pour les constructions hydrauliques, et qui manquent dans les bassins inférieurs de la Dordogne, de la Garonne et de la Gironde.

» Chaque année Bordeaux nous fait enlever à très-grands frais, en raison des difficultés de transport, quelques pièces de bois pour la marine; une grande voie de communications économiques permettrait d'en expédier des quantités considérables, en rendant possible et fructueuse l'exploitation des belles forêts de sapins et de chênes appartenant soit à l'État, soit aux communes, soit aux individus.

» Le commerce de nos petits bois en merrains destinés pour Bordeaux, n'ayant plus à subir les irrégularités et les chances funestes de la navigation ou du flottage sur la Dordogne, prendrait une importance plus grande.

» Votre Commission trouve dans la création d'une voie ferrée un puissant élément de prospérité pour l'avenir de l'agriculture, base fondamentale de la richesse du pays. Il existe aux portes de Mauriac des gîtes importants de calcaires; le transport économique du charbon permettrait sur une grande échelle la fabrication à prix réduit de la chaux, qui serait un amendement précieux pour les départements du Cantal, de la Corrèze et du Puy-de-Dôme, qui sont constitués en grande partie de terrains renfermant un principe d'acidité les rendant peu productifs. En augmentant et multipliant la nature des produits agricoles, on multiplierait et on développerait encore notre belle race bovine, déjà si remarquable, si recherchée, et qui forme la principale branche des revenus du pays.

» Au point de vue de l'alimentation, un chemin de fer parcourant la vallée de la Dordogne changerait complètement les conditions vitales du pays.

» Le Cantal ne possède point de vignes; tout le vin qui s'y consomme vient du Limousin et de la basse Auvergne. Il ne produit pas assez de céréales pour sa consommation; il les demande à la basse Auvergne encore et au littoral de l'ouest. L'élève en grand du bétail et la fabrication du fromage exigent des quantités considérables de sel, dont l'arrivage ne peut se faire que par Bordeaux ou Libourne.

» Tous ces produits de première nécessité, de même que les eaux-de-vie, les sucres, les savons, et toutes les denrées coloniales, sont fatalement condamnés à nous arriver à très-grands frais, par la seule route impériale qui traverse l'arrondissement, et qui est à juste titre considérée comme la plus mauvaise de l'empire.

» Le Conseil, adoptant les motifs exprimés dans le rapport de la Commission, émet à l'unanimité le vœu que le chemin projeté de Lyon à Bordeaux soit dirigé par la vallée de la Dordogne; il prie Son Excellence le Ministre du commerce et des travaux publics de prendre en considération un vœu qui concilie les intérêts généraux avec ceux d'une contrée jusqu'à présent déshéritée de toute voie de grande communication, et invite M. le Maire à faire parvenir à Son Excellence le Ministre des travaux publics une copie de la présente délibération, avec l'hommage du profond respect du Conseil et l'assurance de l'éternelle reconnaissance du pays, digne par ses sentiments de l'auguste sollicitude de Sa Majesté l'Empereur et de tout l'intérêt du Gouvernement. »

Ainsi, on le voit, tous les vœux émis tendent à une pensée unique, énergiquement exprimée, celle du maintien des droits de la route 89, dont les bénéfices sont acquis immémorialement au plateau central, et dont on ne peut le dépouiller sans préjudice considérable. Si l'on se rend compte que les corps délibérants qui ont émis ces vœux se sont trouvés en présence d'une décision du Gouvernement, on comprendra que leurs attaques contre le tracé du Lioran n'aient pas été aussi vives qu'elles l'auraient été si cette direction n'était pas protégée par une loi. Mais une loi peut être rapportée, et c'est vers ce but que tous les efforts doivent tendre, en portant la lumière sur cette question.

Les relevés de la circulation, en 1857, sur la route impériale 89, s'expriment par jour par 267 colliers.

Les relevés pendant la même année pour les routes impériales 122 et 141, dont la plus grande partie se reporterait sur la ligne ferrée suivant la vallée de la Dordogne, donnent pour résultats :

Pour la route 122.................. 58 colliers.

Pour la route 141.................. 150

A ces éléments il faudrait ajouter une partie du trafic de la route 120 passant à Argentat et tout le trafic des routes départementales qui aboutissent à la Dordogne.

Les embarcations, à Argentat, des bois venant de la haute Dordogne ou de ses affluents, s'élèvent par année à 6,000 tonnes.

Ces chiffres n'indiquent évidemment qu'une très-petite fraction des ressources de tonnage que rencontrerait la ligne ferrée dans tout son parcours. En effet, en partant de Clermont, on arrive très-vite à Volvic, où s'exploitent les belles carrières de lave, dont la pierre, si remarquable pour l'architecture, serait certainement expédiée en quantité considérable à de très-grandes distances.

Après Volvic, on trouve les usines importantes de Pontgibaud et le haut-fourneau du Chavanon, dont tous les approvisionnements comme tous les débouchés ont à subir des transports coûteux.

A une petite distance de Pontgibaud, on entre sur les terrains houillers d'Herment, où des recherches fructueuses ont déjà été exécutées, mais suspendues par cette considération que les produits seraient restés sans débouchés.

Du bassin d'Herment, on passe dans ceux de Messeix et de Singles, le premier renfermant un gisement important d'anthracite, remarquable par la régularité et les conditions économiques d'exploitation dans lesquelles il se trouve, le second renfermant de la houille grasse de qualité supérieure.

Presque au contact de ces deux bassins, on rencontre l'exploitation de plomb de Joursac et l'usine nouvellement construite pour cette industrie, qui paraît appelée à se développer sérieusement.

En descendant le cours de la Dordogne, on tombe sur l'important bassin houiller de Champagnac, dont la richesse n'est plus un doute aujourd'hui (1).

(1) Le bassin houiller de Champagnac comprend cinq concessions, savoir :

Celle de Madic, d'une surface de.....................	766 hectares.
Celle de Lempret, d'une surface de....................	734
Celle de Pradelles, d'une surface de..................	601
Celle de Lagraille et Montgroux, d'une surface de.......	427
	2,528

Ces quatre concessions, réunissant entre elles une surface totale de 2,528 hectares, font depuis plusieurs années l'objet d'une demande en annexion.

Le bassin renferme enfin une cinquième concession, celle de Champleix, d'une surface d'environ 500 hectares.

Dans toutes les vallées principales, comme dans tous leurs affluents, existent des quantités considérables de bois, qui à elles seules fourniraient un tonnage important, et pour le débouché desquels la navigation, comme le flottage de la Dordogne, seront toujours des moyens plus qu'insuffisants.

A Savennes, près des bassins houillers de Singles et de Messeix, comme sur plusieurs points de l'arrondissement de Mauriac, non loin du bassin de Champagnac, il se rencontre des gisements importants de calcaires. La fabrication de la chaux sur une grande échelle économique permettrait, avec une grande voie de transport, la diffusion de cet amendement dans les départements du Puy-de-Dôme, du Cantal et de la Corrèze, dans les conditions les plus favorables, puisque les terrains de ces contrées sont essentiellement acides, et il n'est douteux pour personne que l'agriculture y trouverait des éléments de prospérité énormes.

Ainsi, on le voit, il suffit de signaler des faits qui ne peuvent être l'objet d'une controverse sérieuse, pour constater jusqu'à l'évidence que la direction de Lyon à Bordeaux passant par Montbrison, Clermont et la vallée de la Dordogne, répond d'une manière absolue à ces conditions essentielles de :

Résoudre le tracé le plus court ;

Passer par les villes intermédiaires les plus importantes entre le point d'arrivée et le point de départ ;

Respecter les droits acquis et revendiqués en conservant les anciens courants commerciaux ;

Mettre en valeur une série de richesses enfouies dans le plateau central, et les déverser sur tout le littoral de l'ouest, qui en est complètement dépourvu ;

Favoriser à un degré supérieur la question agricole dans trois départements ;

Et enfin présenter des conditions d'exécution et de circulation relativement faciles par rapport au tracé par le Lioran.

La partie du tracé comprise entre Arvant et Aurillac ne se recommande à aucun point de vue ; elle se signale au contraire par des difficultés de toute nature, et des difficultés telles, que le délai dans lequel cette partie devrait être exécutée touche à son terme, sans que seulement les études soient complètes et définitives. Mais cette direction est protégée par une loi.

On se trouve donc en présence, d'une part : pour la Dordogne, d'une raison d'être de premier ordre ; d'autre part, pour le Lioran, d'une décision du Gouvernement dont l'exécution serait fâcheuse.

Entre autres arguments présentés en faveur de l'exécution du tracé du Lioran, on a fait valoir que des sommes considérables avaient été déjà dépensées pour la section d'Arvant à Massiac, et que cette dépense se trouverait perdue si le tracé n'était pas continué.

Il est vrai que les travaux dans cette section sont trop avancés pour qu'on puisse songer à ne pas les achever ; mais serait-ce une raison, parce qu'on a commis une erreur sur une petite échelle, pour se décider à l'accepter dans toute son étendue? Ce serait l'image d'un homme qui, s'étant coupé un doigt, se couperait le bras jusqu'à l'épaule.

Massiac resterait tête d'embranchement, et Saint-Flour y trouverait en grande partie son compte.

Il arrive souvent qu'un débat s'anime et s'irrite parce que la discussion n'a pas été portée sur son véritable terrain.

C'est, je crois, ce qui est arrivé dans le Cantal en ce qui concerne le tracé du Lioran.

Ne serait-il pas possible de concilier tous les intérêts du plateau central pour qu'une ligne ferrée vienne le vivifier? Rien ne me paraît plus facile en ramenant la question à des proportions simples et acceptables pour tous.

Si dans la direction entre Lyon et Bordeaux, telle qu'elle a été conçue, on supprimait seulement la partie comprise entre Massiac et Aurillac, et si on la remplaçait par la partie que je propose entre Clermont et Tulle, qu'y aurait-il de changé pour Aurillac, chef-lieu du Cantal? Absolument rien. Ses moyens de communication avec les lignes de *l'ouest* et du *sud* resteraient rigoureusement les mêmes.

Pour ses relations avec Paris et toutes les lignes du *nord*, il suffit de jeter les yeux sur une carte des chemins de fer pour voir qu'elles s'établiraient par *Brives*, *Limoges* et *Orléans*, lors même que la ligne par le Lioran serait exécutée.

Pour ses relations avec les lignes de *l'est*, Aurillac aurait un petit développement de parcours pour venir prendre la ligne principale à Clermont, au lieu de venir la toucher à Arvant. Mais c'est de ce côté que les relations d'Aurillac sont les plus restreintes, et de plus cet inconvénient, déjà faible, s'amoindrirait encore, si le vœu émis également par le Conseil général de la Corrèze pour une voie ferrée d'Aurillac à Limoges, par Argentat et Tulle, était entendu.

Ce vœu a été émis à la suite du rapport suivant présenté par la Commission des travaux publics :

« Le Conseil général de la Corrèze a été plusieurs fois entretenu des difficultés que paraît présenter la construction du chemin de fer entre Aurillac et Massiac, c'est-à-dire dans la direction de Clermont et Paris, et des difficultés plus grandes encore que l'on serait exposé à rencontrer dans l'exploitation de cette section.

» Dans le cas où le Gouvernement considèrerait ces difficultés comme étant de celles devant lesquelles on doit s'arrêter, Aurillac serait privé de ses voies de communication avec la capitale. Pourtant le chef-lieu du Cantal et de la haute Auvergne ne saurait rester à jamais dans cette impasse, et il y aurait nécessité évidente de lui créer un débouché vers le nord.

» Or, Messieurs, l'un des avant-projets dressés, en 1854, entre Aurillac et Brives, comprenait une section étudiée d'Au-

rillac à Tulle, et c'est là précisément le chemin par lequel, suivant des habitudes séculaires, les populations d'Aurillac et de la haute Auvergne se rendaient à Limoges et à Paris. On sait combien ces contrées, couvertes de vastes pâturages et adonnées à l'élevage des bestiaux, procureraient un utile trafic à la ligne de fer. Les voyageurs et les marchandises iraient à leur destination par la vallée de la Maronne, par Servières, par Argentat, où ils traverseraient la Dordogne, et par Tulle, où ils trouveraient l'embranchement de Tulle à Pompadour. Et de la sorte il serait formé un chemin d'***Aurillac à Limoges et à Paris par Tulle.***

» En outre, les rives de la haute Dordogne contiennent des gisements houillers importants, dont les produits sont destinés à se répandre dans la haute Auvergne et dans le bas Limousin. Dès à présent, à l'aide de la batellerie, et plus tard sur un chemin de fer, ces produits descendraient de Bort à Argentat, pour de ce point s'écouler, par la ligne d'Aurillac à Limoges, dans le Cantal et dans la Corrèze, où elles trouveraient de grands consommateurs, savoir : la manufacture impériale d'armes à feu ; les forges de la Marque, près de Tulle, fondées par MM. Filliol et Sauvage ; les usines du Glandier ; celles de Lagrénerie, dirigées actuellement par M. Barbou-Desplaces ; et la forge du Chavanon, près Bort, appartenant à M. Majonenc, et dirigée par M. Lebeurre.

» Cette ligne d'Aurillac à Limoges, par Argentat et Tulle, se recommande donc par les plus graves considérations à l'attention du Gouvernement, et votre Commission vous propose, Messieurs, d'émettre un vœu pour son établissement. »

Je trouve qu'en émettant ce vœu le Conseil général de la Corrèze donnait à celui du Cantal le témoignage de sympathie du meilleur voisin.

J'ai dit qu'avec la combinaison que j'indiquais il n'y aurait rien de changé pour Aurillac. Je me trompais : ce chef-lieu se trouverait tête de ligne au lieu de se trouver point de passage ; mais il n'est douteux pour personne que, pour toute ville de second ordre comme Aurillac, il vaut beaucoup mieux se trouver tête de ligne. Toutes les villes secondaires qui ont joui de ce privilége en sont aux regrets de l'avoir perdu.

Si on limite la discussion au Cantal proprement dit, elle se résume ainsi.

Ce département comporte quatre arrondissements, ceux d'Aurillac, de Mauriac, de Saint-Flour et de Murat.

Celui d'Aurillac serait au moins aussi bien partagé par l'exécution de la ligne de la Dordogne que par l'éxécution de la ligne du Lioran.

Celui de Mauriac, le plus important de tous par ses richesses minérales et forestières, par la nature de son sol et la race de ses bestiaux, serait complètement déshérité par la ligne du Lioran, mais immensément favorisé par celle de la Dordogne.

Saint-Flour aurait une distance de 30 kilomètres à subir pour se rendre à la tête de ligne à Massiac, il en aurait 24 pour aller prendre la voie à un point intermédiaire entre Massiac et Murat, si la ligne du Lioran s'exécutait d'après les premières études.

L'arrondissement de Murat, le moins important de tous, serait le seul déshérité, il faut le reconnaître ; mais il faut aussi constater qu'il n'a ni commerce ni industrie, et que dans aucun cas il ne serait appelé à en avoir. Il faut encore signaler qu'une grande partie du nord de cet arrondissement serait plutôt entraînée vers Bort dans la Corrèze que vers Murat.

On comprend que, pour rapporter une loi, il faut au Gouvernement des motifs sérieux, concluants; mais en raison des difficultés signalées de tous côtés pour le tracé par le Lioran, en présence des luttes provoquées dans le plateau central sur la direction entre Lyon et Bordeaux, n'est-il pas à craindre que la décision en faveur du Lioran ne reste encore longtemps à l'état de lettre morte?

En pareille situation, qu'y aurait-il de mieux à faire? L'intérêt de tous étant évidemment de provoquer la solution la plus rapide, il me semble que ce serait que les départements du Cantal, du Puy-de-Dôme et de la Corrèze s'entendissent et réunissent tous leurs efforts pour obtenir du Gouvernement des études sérieuses, complètes et comparatives sur les deux directions par le Lioran et la Dordogne.

Alors disparaîtraient les incertitudes, et la balance serait forcément entraînée du côté de la raison d'être.

Ceux qui croient avoir raison dans une discussion de cette nature, ne doivent pas redouter les résultats de l'examen le plus complet, le plus sérieux, puisque de cet examen seul peut naître une solution pratique.

J'ai dit, après avoir transcrit le rapport de la Commission des travaux publics au Conseil général du Puy-de-

Dôme, qu'un passage de ce document me frappait et me semblait avoir une portée qui devait particulièrement fixer l'attention. C'est le passage qui est exprimé en ces termes :

« Vos instances doivent être d'autant plus vives que » vos intérêts ont peut-être à combattre les tendances des » grandes compagnies de chemins de fer à lutter contre » tout projet de lignes à travers les montagnes. »

On comprend la répugnance qu'éprouvent les compagnies pour les chemins en montagnes : ils doivent produire moins que ceux des pays à reliefs peu accidentés, parce que ces derniers sont en général les plus riches. En outre, leur exécution doit coûter beaucoup plus, et les débordements des devis dans l'exécution de certaines parties de la ligne de Montauban à la rivière du Lot et de la rivière du Lot à Rodez, ne sont pas de nature à diminuer les répugnances de la Compagnie d'Orléans, chargée du Grand-Central dans le Cantal.

Mais la grande dépense de l'exécution ne tient-elle pas surtout aux conditions de tracé qui sont encore imposées aux Compagnies ? Là est, je crois, le côté le plus sensible de la question.

N'est-il pas au moins remarquable que les capitalistes et les ingénieurs français fassent exécuter en Espagne, dans ce moment, des lignes de chemins de fer qui comportent des courbes d'un rayon de 200 mètres et des rampes de 22 à 25 millimètres par mètre, pendant qu'en France on est encore limité aux courbes d'un rayon de 300 mètres et aux rampes de 15 millimètres ?

Il me paraît évident que, si l'on veut exécuter les lignes en pays à reliefs très-accidentés dans les mêmes conditions que celles qui ont été prescrites jusqu'à ce jour, le complément des réseaux en France devient bien douteux, parce que ce complément serait ou une ruine pour les Compagnies, ou une charge énorme pour l'État.

Mais si l'on veut rendre aux pays à reliefs même très-accidentés des services relativement aussi grands que ceux rendus aux pays plats, en prenant pour base leur situation première, la question me paraît toute différente.

En effet, sur les meilleures routes de France on avait une vitesse, par les très-bonnes diligences, de 15 kilomètres à l'heure. Les chemins de fer sont arrivés à tripler cette vitesse. Si l'on veut prétendre pour les chemins en montagnes à cette même allure de 45 à 50 kilomètres, on rentre dans des impossibilités de tracé, ou l'on tombe sur des devis de dépenses fabuleuses, par suite des exigences des rayons de courbes et des conditions de rampes, entraînant l'obligation de longs tunnels et de travaux d'art presque continus. Mais si, dans les pays où la vitesse dépasse rarement 8 kilomètres à l'heure, on ouvre des chemins de fer ne devant fournir au plus qu'à des vitesses de 24 à 30 kilomètres, on aura pour ces localités multiplié par trois les avantages, comme on l'a fait pour les localités les plus favorisées par la nature ; et alors on sera rentré dans des conditions de tracé abordable, et qui s'écarteront moins qu'on ne le suppose, pour la dépense, des tracés de l'ancien réseau, en raison de la différence des prix des terrains.

Ce qui est vrai pour le service des voyageurs ne l'est-il pas à plus forte raison pour le service des marchandises ? Lorsqu'on habite les montagnes, on est frappé du peu d'effet utile du cheval, et l'on recule devant toute idée de transports considérables par ce moyen.

Vouloir faire les chemins de fer en montagnes comme en plaines, serait à mon avis aussi peu rationnel que si l'on voulait implanter dans le nord de la France la culture du midi (1).

N'appartient-il pas surtout aux pays de montagnes, encore complètement privés de toute voie de grande communication, d'appeler d'une manière particulière l'attention du Gouvernement et des grandes Compagnies sur la nécessité de modifications dans les règles des tracés, pour qu'ils ne soient pas toujours condamnés à être considérés commme impossibles (2)?

Avant de terminer cette note, je crois devoir dire

---

(1) Cette question me paraît de celles qui doivent être longuement développés, parce qu'elle touche intimement, je crois, à l'avenir des chemins de fer en France ; mais le cadre que je me suis tracé ne me permet que de l'indiquer, et je laisse à de plus habiles que moi le soin de l'approfondir.

(2) Il y aurait peut-être un grand travail d'équité à faire en France ; mais l'État en possède seul les éléments : ce serait celui qui consisterait à déterminer, pour la période des vingt dernières années, les proportions dans lesquelles chaque département est intervenu dans la contribution et la répartition du budget.

Il en résulterait probablement ce fait, qu'au point de vue de la meilleure justice distributive possible, certains départements seraient en droit de solliciter une compensation. Ceux du plateau central ne seraient-ils pas de ce nombre ?

quelques mots sur la ligne de Montluçon à Poitiers, devant s'embrancher sur la ligne de Limoges et faisant l'objet d'une concession éventuelle accordée à la Compagnie d'Orléans.

A l'ouverture de l'enquête faite au sujet de cette ligne, les départements du Puy-de-Dôme, de la Corrèze et du Cantal se sont vivement émus, parce qu'ils y ont vu, les deux premiers et une partie du dernier, un danger de plus contre la ligne de la Dordogne, et l'autre partie du Cantal, le coup de grâce contre la ligne du Lioran.

Cette première impression s'explique, parce qu'il est certain que l'exécution de cette ligne abrégerait considérablement, par rapport à ce qui existe aujourd'hui, la distance entre Lyon et Bordeaux : à ce point de vue on ne peut méconnaître que l'intérêt général serait satisfait en grande partie.

Mais là où l'on n'a vu qu'un danger au premier aspect, je vois au contraire un argument de plus en faveur d'une grande voie de communication à travers les montagnes d'Auvergne.

La ligne de Montluçon à Poitiers s'exécutera très-probablement, parce qu'elle a toute sa raison d'être : elle se justifie par l'importance des villes de Montluçon, de Limoges et de Poitiers, et par la nécessité de mettre les deux dernières en relation directe avec les bassins houillers de l'Allier.

Limoges est déjà admirablement partagée par les lignes

de chemin de fer. Cette ville a toujours été la rivale de Clermont dans le centre de la France, et l'AUVERGNE ne doit pas l'oublier.

Doter encore Limoges de la ligne de Montluçon à Poitiers sans placer Clermont sur la direction de Lyon à Bordeaux, serait une dépossession complète de tous les droits de la basse et de la haute Auvergne ; ce serait sacrifier de la manière la plus absolue tout le massif des départements culminants du Centre. Que la ligne de Montluçon à Poitiers s'exécute, on le comprend ; mais ne sera-ce pas une raison de plus pour respecter un droit immémorial, le droit du plateau central ?

Ce droit, je l'appellerai le droit AUVERGNAT, parce que ce titre est celui qui répond le mieux à ma conviction, et il ne peut trouver sa satisfaction que par l'exécution de la ligne passant par Montbrison, Thiers, Clermont, les vallées de la Sioule et de la Dordogne.

S'il en était autrement, ce serait, par rapport à la ligne de faîte qui parcourt le plateau central de l'orient à l'occident, reporter sur le versant septentrional tout ce qui appartient au versant méridional.

Les chemins de fer cesseraient alors d'être un progrès; ils ne seraient plus que le renversement de tous les droits acquis, et une pareille solution ne peut et ne doit pas être à redouter.

Le réseau nouveau des lignes de chemins de fer à exécuter doit avoir un autre but que celui du réseau ancien. Il ne doit pas répondre exclusivement aux besoins de l'intérêt général, il a surtout de grands et impérieux intérêts locaux à satisfaire.

Quel est l'intérêt LOCAL qui peut parler plus haut que l'intérêt de l'AUVERGNE, placée au centre de la France, représentant une population forte, active, sobre et laborieuse, privée jusqu'à ce jour de tout bienfait des voies de grande communication et condamnée à l'émigration, parce qu'aucune industrie n'est encore venue vivifier un pays qui est cependant susceptible de devenir essentiellement industriel, le jour où il possèdera des moyens de transport économiques ?

Le nom AUVERGNAT ne fait-il pas immédiatement vibrer à l'esprit la pensée d'ordre, de travail et de ténacité, et ne sont-ce pas là des qualités fondamentales pour que tout progrès reçoive sa plus grande utilité possible ?

Le plateau central n'est pas assez connu en France, on le juge trop par ses fortes altitudes exceptionnelles : c'est cependant un pays qui renferme des richesses importantes, qui possède des ressources sérieuses ; son sol est susceptible d'une grande fertilité ; mais c'est une contrée où il faut apporter le mouvement et les idées de progrès.

Et ce mouvement et ces idées de progrès, le Gouvernement n'a-t-il pas le plus grand intérêt à les provoquer, surtout dans le centre de l'Empire?

C'est sous le patronage de ce **DROIT**, de cet **INTÉRÊT AUVERGNAT** que je mets les quelques pages que je viens d'écrire, et je fais franchement appel à tous les intérêts de la basse comme de la haute Auvergne, pour qu'elles soient jugées comme elles ont été écrites, sans passion ni parti pris, mais bien au contraire dans un esprit de conciliation, parce que, je le répète en terminant, je n'ai eu qu'un désir, celui de rassembler dans une seule note tous les éléments qui peuvent éclairer la discussion sur la direction la plus **ÉQUITABLE** entre Lyon et Bordeaux; et mon but sera atteint, si de plus habiles que moi veulent bien discuter et approfondir cette question, de manière à déterminer une solution aussi prochaine que désirable pour tous.

Clermont, typ. Hubler.

www.ingramcontent.com/pod-product-compliance
Ingram Content Group UK Ltd.
Pitfield, Milton Keynes, MK11 3LW, UK
UKHW021010180726
13838UKWH00004B/1505